英童书坊编纂中心 ◎ 编

童眼认宇宙

100个宇宙知识

全国百佳图书出版单位

吉林出版集团股份有限公司

图书在版编目（CIP）数据

童眼认宇宙 ：100个宇宙知识 / 英童书坊编纂中心
编. -- 长春 ：吉林出版集团股份有限公司，2024.6（2025.2 重印）
ISBN 978-7-5731-3691-6

Ⅰ．①童… Ⅱ．①英… Ⅲ．①宇宙－儿童读物 Ⅳ.
①P159-49

中国国家版本馆CIP数据核字(2023)第115378号

童眼认宇宙　100个宇宙知识

TONGYAN REN YUZHOU　100　GE YUZHOU ZHISHI

编　　者：英童书坊编纂中心
责任编辑：欧阳鹏
技术编辑：王会莲
数字编辑：陈克娜
封面设计：壹行设计
配　　音：陈丸子
开　　本：889mm×1194mm　1/12
字　　数：113千字
印　　张：4.5
版　　次：2024年6月第1版
印　　次：2025年2月第2次印刷

出　　版：吉林出版集团股份有限公司
发　　行：吉林出版集团外语教育有限公司
地　　址：长春市福祉大路5788号龙腾国际大厦B座7层
电　　话：总编办：0431 81629929
　　　　　数字部：0431-81629937
　　　　　发行部：0431-81629927　0431-81629921(Fax)
网　　址：www.360hours.com
印　　刷：吉林省创美堂印刷有限公司

ISBN 978-7-5731-3691-6　　定　价：22.80元

目　录

什么是宇宙

宇宙是天地万物的总称。世间所有的一切，包括我们能看到、听到、感知到的，都在宇宙之中。也就是说，宇宙包括我们所在的这个世界，从古至今连续不断的时间和空间，所有的物质、能量和事件。

宇宙大爆炸

宇宙大爆炸理论认为，宇宙中所有物质和能量最初都是聚集在一个高温的大火球中。随着时间的缓慢推移，这个大火球开始不断膨胀，终于在距今一百多亿年前发生了大爆炸。

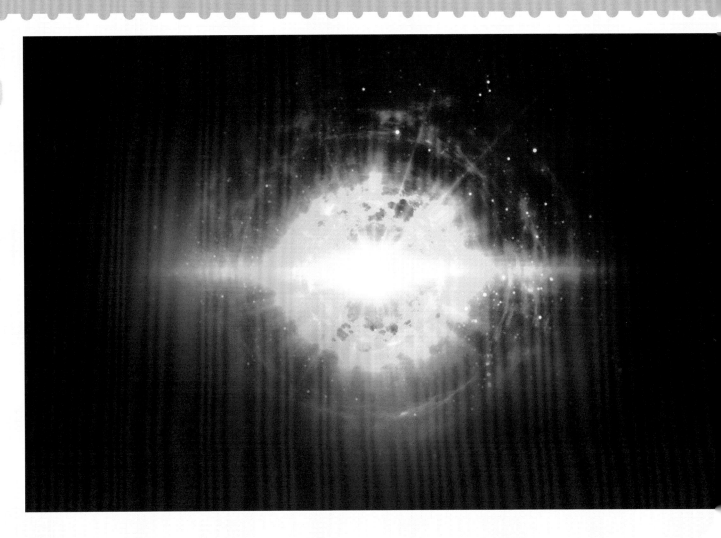

宇宙中的星体

宇宙中的星体多种多样，不同的星体性质也各不相同。它们有的会发光，有的根本没有规则的形状，有的甚至能聚合在一起，形成更大的天体系统。

恒 星

恒星是宇宙中最常见的一种星体。它们本身就会发光发热，是巨大无比的火球。宇宙中许多星体都是以恒星为基本单位组成的，比如星团、星系、星系团、超星系团等。

xíng xīng
行 星

xíng xing shì zhǐ nà xiē zǒng shì guī
行星是指那些总是规
lǜ de wéi rào zhe héng xīng yùn zhuǎn de tiān
律地围绕着恒星运转的天
tǐ xíngxīng běn shēn bú huì fā guāng yǒu
体。行星本身不会发光，有
zú gòu dà de zhì liàng bú guò bǐ héngxīng
足够大的质量，不过比恒星
yào xiǎo de duō tā men de wài xíng jìn sì
要小得多。它们的外形近似
yú yuán qiú wǒ men suǒ jū zhù de dì qiú
于圆球，我们所居住的地球
jiù shì yì kē xíngxīng
就是一颗行星。

wèi xīng
卫 星

xíng xing zǒng shì wéi rào zhe héng xīng
行星总是围绕着恒星
zhuàn dòng ér zài yǒu xiē xíng xīng zhōu
转动，而在有些行星周
wéi yě yǒu yì zhǒng wéi rào zhe tā men
围，也有一种围绕着它们
bù tíng zhuàn dòng de tiān tǐ nà jiù shì
不停转动的天体，那就是
wèi xīng wèi xīng běn shēn yě shì bù fā
卫星。卫星本身也是不发
guāng de yì bān lái shuō wèi xīng huán
光的。一般来说，卫星环
rào nǎ yì kē xíngxīngzhuàndòng wǒ men jiù
绕哪一颗行星转动，我们就
shuō tā shì nǎ kē xíng xīng de wèi xīng
说它是哪颗行星的卫星。

小天体
xiǎo tiān tǐ

宇宙中除了恒星、行星这样的大家伙外，还有数不清的小天体，主要包括小行星、彗星、流星等。目前，人们能观测到的小天体主要还局限在太阳系内。

类星体
lèi xīng tǐ

20世纪60年代，天文学家发现了一种奇特的天体。它们看起来既像恒星又像星团，却不具有恒星的性质；发出的辐射信号类似星系，但也不是星系。天文学家们不能确定它们的结构，就称其为类星体。

宇宙射线

宇宙射线是一种穿透性极强的辐射，有些宇宙射线能到达地球，会对地球的气候、生态等造成一定的影响。直到现在，人们仍然没有完全了解宇宙射线的起源，猜测其产生可能与超新星爆发有关。

暗物质

在星际空间存在的物质中，大部分都是无法用仪器观测到的物质，科学家将它们统称为暗物质。暗物质虽然无法被直接观测到，但它们能干扰星体之间的引力，让人们间接推测出它们的存在。

星座 xīng zuò

古人把看起来位置相近的星星用线连起来，根据连成的形状，用相似的动物、器物命名，就形成了星座。现代的88个星座是在传统星座的基础上演化而来的。

星云 xīng yún

宇宙空间存在着各种各样的物质，这些物质可能会相互吸引而聚集起来，形成星云。星云看起来就像是绚丽多彩的云朵一样，在宇宙的深处飘荡。其实，它们是一种云雾状的天体。

红巨星
hóng jù xīng

当一颗恒星步入老年
dāng yì kē héng xīng bù rù lǎo nián

期时，它会先演变成一颗
qī shí， tā huì xiān yǎn biàn chéng yì kē

红巨星。红巨星极为明亮，
hóng jù xīng。 hóng jù xīng jí wéi míng liàng

我们在地球上凭肉眼能看
wǒ men zài dì qiú shàng píng ròu yǎn néng kàn

到的亮星，有许多都是红巨
dào de liàng xīng， yǒu xǔ duō dōu shì hóng jù

星，例如金牛座的毕宿五和
xīng， lì rú jīn niú zuò de bì xiù wǔ hé

牧夫座的大角星等。
mù fū zuò de dà jiǎo xīng děng。

超新星
chāo xīn xīng

超新星其实就是正在
chāo xīn xīng qí shí jiù shì zhèng zài

爆发的红巨星。超新星是恒
bào fā de hóng jù xīng。 chāo xīn xīng shì héng

星老去过程中经历的一种
xīng lǎo qù guò chéng zhōng jīng lì de yì zhǒng

状态，是质量比较大的恒
zhuàng tài， shì zhì liàng bǐ jiào dà de héng

星的爆发，会释放出极为巨
xīng de bào fā， huì shì fàng chū jí wéi jù

大的能量。
dà de néng liàng

微信扫码
· 聆听科学奥秘
· 观看百科故事
· 图解自然奥秘
· 闯关科普挑战

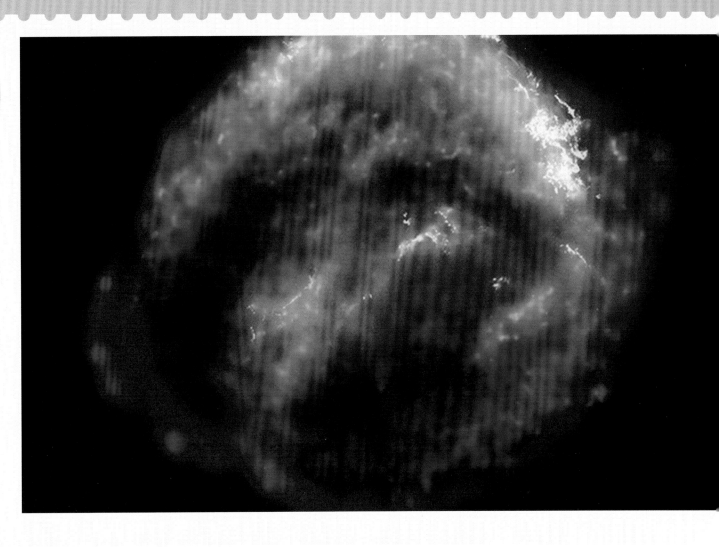

白矮星
bái ǎi xīng

红巨星内部收缩，外部膨胀，变成一颗不稳定的火球，最终爆炸。这之后，恒星内部的反应完全停止，仅靠余温来发光发热。这时候的恒星颜色呈白色，个子也比较矮小，因此我们将它们称作"白矮星"。

中子星
zhōng zǐ xīng

超新星爆发后，恒星的中心则可能会形成中子星。中子星和白矮星类似，都是处于演化末期的恒星，都是在老年恒星的中心形成的，只不过能够形成中子星的恒星质量更大罢了。

黑洞

黑洞是一种特殊而神秘的天体。当一颗质量超大的恒星老去后，它的内部就会坍缩成黑洞。黑洞具有强大的吸引力，靠近它的任何物体都会被吸进去，连光也不例外。

双星

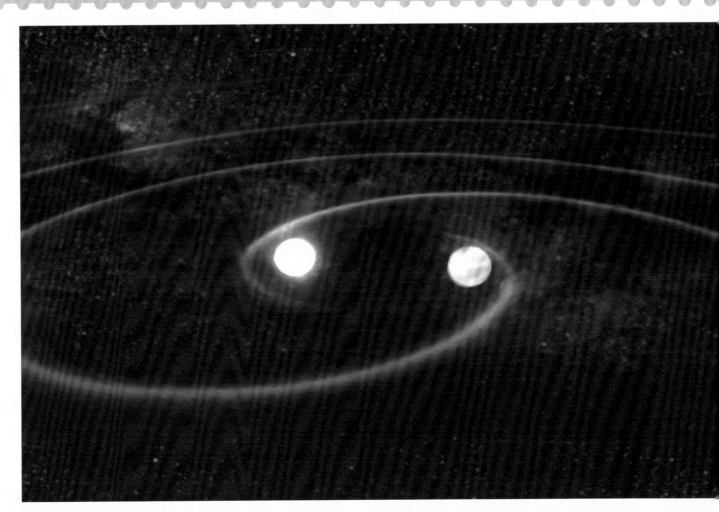

宇宙中很多恒星都喜欢两两聚在一起，它们大多会相互环绕着转动，形成一个系统，这样的两颗恒星就被称作"双星"。其中较亮的一颗被称为主星，较暗的一颗被称为伴星。

聚星

héngxīng huì sān kē sì kē shèn zhì
恒星会三颗、四颗甚至

duō kē jù jí zài yì qǐ zǔ chéng jù
多颗聚集在一起，组成聚

xīng xì tǒng jù xīng tōng cháng yóu dào
星系统。聚星通常由3到

kē héng xīng zǔ chéng yóu jǐ kē héng
10颗恒星组成，由几颗恒

xīng zǔ chéng rén men jiù bǎ zhè ge jù xīng
星组成，人们就把这个聚星

xì tǒng chēng wéi jǐ hé xīng
系统称为"几合星"。

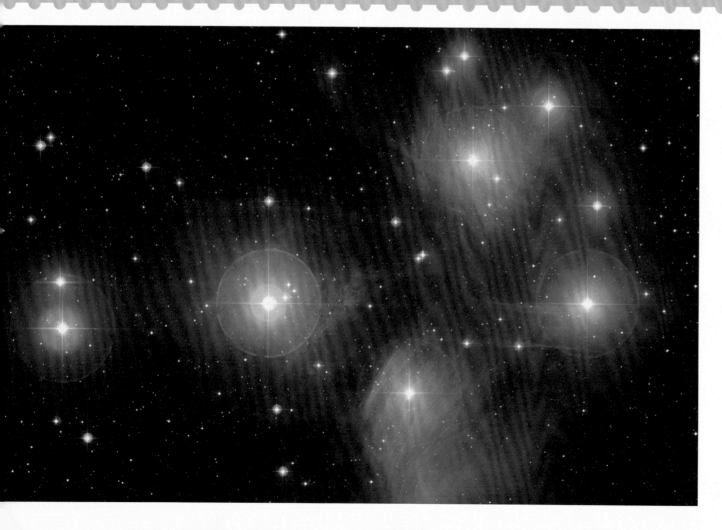

星团

yǔ zhòu zhōng de héng xīng hěn xǐ huan
宇宙中的恒星很喜欢

lā bāng jié pài yǒu shí huì chéng
"拉帮结派"，有时会成

qiān shàng wàn kē zǔ hé zài yì qǐ dāng
千上万颗组合在一起。当

yí gè héng xīng xì tǒng de héng xīng shù liàng
一个恒星系统的恒星数量

chāo guò kē bìng qiě xiāng hù zhī jiān
超过10颗，并且相互之间

cún zài wù lǐ lián xì shí wǒ men jiù bǎ
存在物理联系时，我们就把

zhè yàng de héng xīng qún chēng wéi xīng tuán
这样的恒星群称为星团。

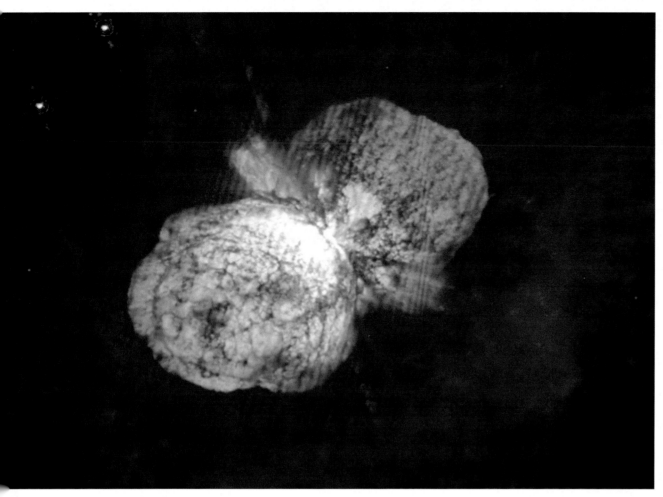

变星 biàn xīng

大多数恒星的亮度都是不变的，但有些恒星很"调皮"，亮度变化多端，人们就把它们统称为"变星"。简单地说，变星就是那些亮度时常发生变化的恒星。

星系 xīng xì

星系就像大海中星罗棋布的岛屿一样，上面"居住"着千亿颗恒星，以及其他各种天体。大部分星系中都有数量庞大的聚星系统、星团，以及不同的星云。

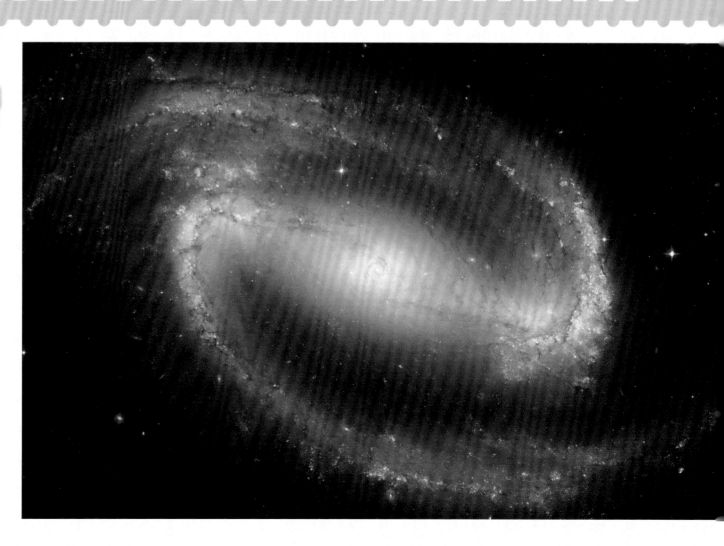

银河系

我们在夜晚看见的银河是由无数发光的恒星所组成的星带，它其实是银河系的一部分。而银河系则是一个由上千亿颗恒星、大量星团和星云，以及各种气体和尘埃组成的巨大星系。

旋臂

银河系是一个棒旋星系，由4条巨大的旋臂组成，这些旋臂是恒星、气体和尘埃聚集的地方。我们熟悉的太阳就位于其中一个旋臂——猎户臂上。

河外星系
hé wài xīng xì

银河系是非常巨大的，里面像太阳一样的恒星就有上千亿颗，但在茫茫宇宙之中，银河系只能算是沧海一粟。人们把银河系以外的星系统称为"河外星系"。第一个被人们发现的河外星系是仙女座星系。

伴星系
bàn xīng xì

银河系有两个伴星系：大麦哲伦星系和小麦哲伦星系，它们也是距离地球比较近的河外星系。它们围绕着银河系旋转，在南半球的夜空可以清晰地看见它们。

见此图标 微信扫码 在线涨知识 做个科普小达人

星系的碰撞

星系碰撞是星系演化的关键过程。两个大星系互相碰撞带来的不只是毁灭，还有新生。星系的碰撞不仅会使相撞的两个星系彻底"改头换面"，同时还会诞生新的恒星。

星系的吞噬

即使规模相差巨大，大星系仍然不能在很短的时间里将一个小星系吞噬掉。它们会在彼此引力的作用下逐步靠近，在这个过程中，小星系会因为大星系巨大的引力而围绕着大星系运转，最后被慢慢吞噬。

太阳系

太阳系是一个"人口众多"的大家庭，其以太阳为中心，包括"八大行星"及它们的卫星，还有冥王星等矮行星和成千上万颗小行星，以及数以亿计的小天体和星际物质。

太阳

太阳的光和热哺育着地球上所有生物。太阳是一个主要由氢元素组成的气体大火球。我们平常看到的其实只是太阳的外部，太阳的内部进行着剧烈的核聚变反应，这才是它源源不断对外发光散热的源泉。

太阳的未来

tài yáng de wèi lái

gēn jù kē xué jiā de yù cè dà
根据科学家的预测，大
yuē yì nián hòu tài yáng huì shǒu xiān
约50亿年后，太阳会首先
biàn chéng yì kē hóng jù xīng nà shí de
变成一颗红巨星。那时的
tài yáng zhí jìng jiāng huì shì xiàn zài de hěn
太阳直径将会是现在的很
duō bèi biǎo miàn wēn dù yě huì jiàng dī
多倍，表面温度也会降低。
zhī hòu tài yáng nèi bù de fǎn yìng huì wán
之后，太阳内部的反应会完
quán tíng zhǐ zuì zhōng biàn chéng yì kē bái
全停止，最终变成一颗白
ǎi xīng
矮星。

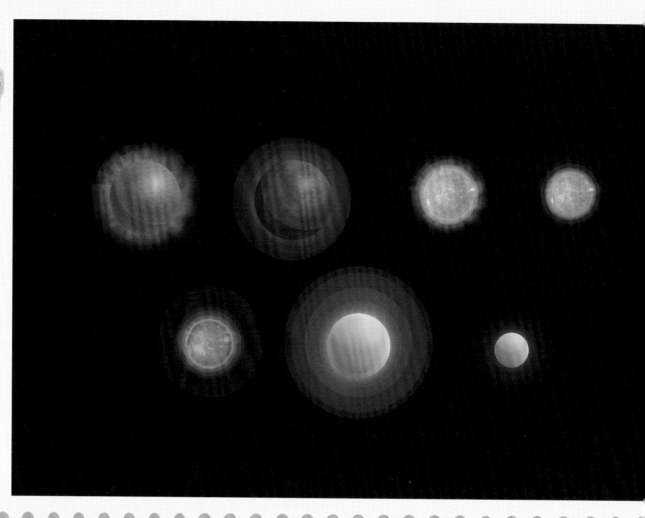

太阳黑子

tài yáng hēi zǐ

yǒu shí hou tài yáng de guāng
有时候，太阳的光
qiú céng shàng huì chū xiàn xǔ duō àn sè bān
球层上会出现许多暗色斑
diǎn zhè jiù shì tài yáng hēi zǐ tā men
点，这就是太阳黑子。它们
zǒng shì chéng qún chū xiàn yì bān jǐ tiān
总是成群出现，一般几天
dào jǐ gè yuè hòu jiù xiāo shī le tài yáng
到几个月后就消失了。太阳
hēi zǐ qí shí bìng bù hēi zhǐ shì yīn wèi
黑子其实并不黑，只是因为
wēn dù bǐ guāng qiú céng de wēn dù dī hěn
温度比光球层的温度低很
duō suǒ yǐ kàn qǐ lái cái shì shēn sè de
多，所以看起来才是深色的。

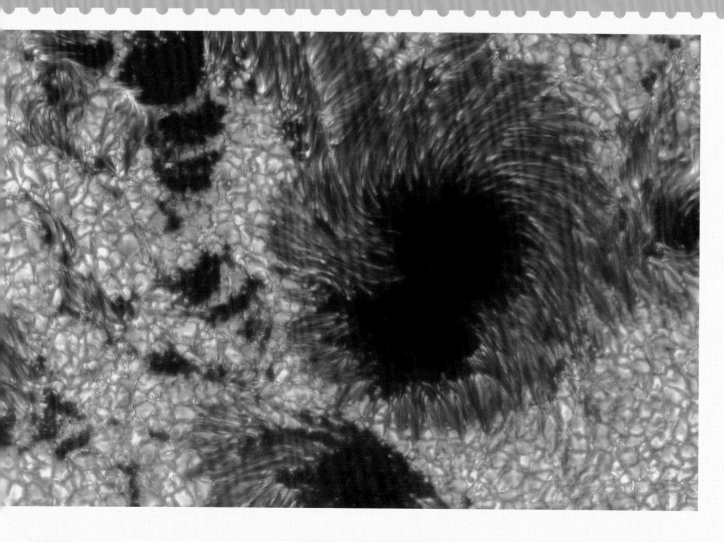

太阳耀斑

在太阳黑子活动剧烈的地方，通常会突然出现迅速增亮的区域，几分钟或几小时之后就消失了，这就是太阳耀斑。因为通常发生在太阳的色球层上，所以这也被称为"色球爆发"。

日珥

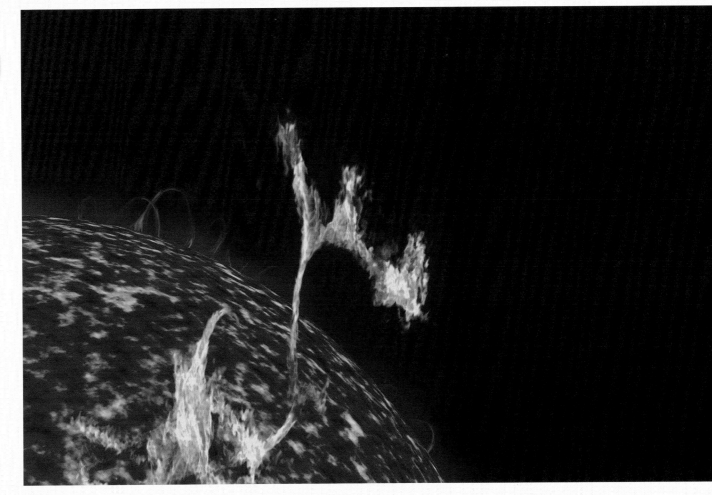

有时候，太阳表面会喷出一股"火焰喷泉"，这就是日珥。日珥是一种美丽、壮观的太阳活动，是从太阳色球层上喷出的炽热气流，喷出的距离可达数万千米，有时只能持续几分钟，有时则能持续数天以上。

太阳风

太阳风并不是真正的风，而是从太阳日冕层中发出的强大的、高速运动的带电粒子流。它们会像狂风一样不停地吹向星际空间，所以被称为"太阳风"。

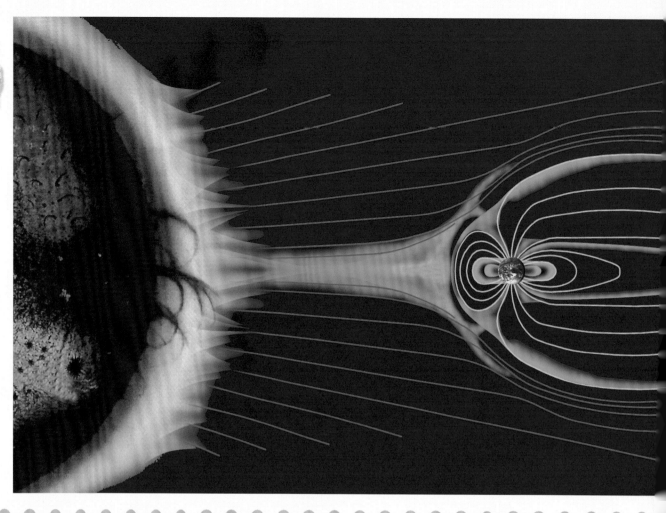

水星

水星是八大行星中最小的行星，也是离太阳最近的行星。它从外观上看很像月球，但它的内部结构却类似地球，分为核、幔、壳三层。水星表面布满了坑穴，有高山、平原、悬崖峭壁和众多的环形山。

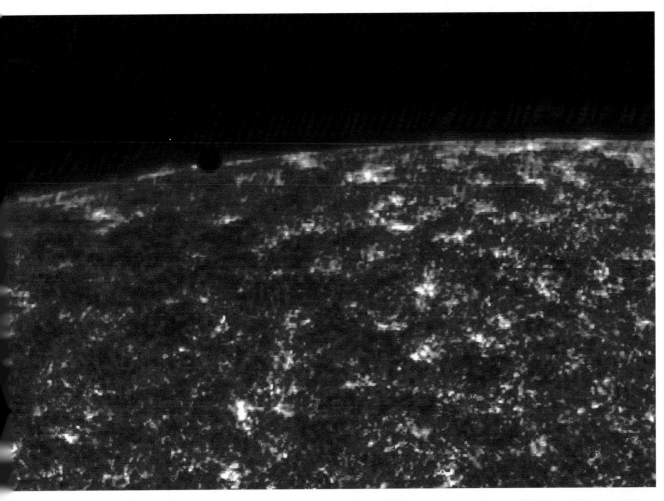

水星凌日
shuǐ xīng líng rì

我们有时会在太阳圆
wǒ men yǒu shí huì zài tài yáng yuán

面上看到一个小黑点缓慢
miàn shàng kàn dào yí gè xiǎo hēi diǎn huǎn màn

穿过。这是因为水星和地
chuān guò　　zhè shì yīn wèi shuǐ xīng hé dì

球的绕日运行轨道并不在同
qiú de rào rì yùn xíng guǐ dào bìng bú zài tóng

一个平面上，当水星在自己
yí gè píng miàn shàng dāng shuǐ xīng zài zì jǐ

的轨道上运行到地球和太
de guǐ dào shàng yùn xíng dào dì qiú hé tài

阳之间时，就会发生"水星
yáng zhī jiān shí　　jiù huì fā shēng shuǐ xīng

凌日"现象。
líng rì　 xiàn xiàng

金星
jīn xīng

金星是太阳系中离地
jīn xīng shì tài yáng xì zhōng lí dì

球最近的一颗行星，在清晨
qiú zuì jìn de yì kē xíngxīng zài qīngchén

日出之前或黄昏日落以后
rì chū zhī qián huò huáng hūn rì luò yǐ hòu

都能看到它的身影。它的大
dōu néng kàn dào tā de shēnyǐng tā de dà

小和地球差不多，自身的结
xiǎo hé dì qiú chà bu duō zì shēn de jié

构也和地球很相似，因此
gòu yě hé dì qiú hěn xiāng sì yīn cǐ

也有人把金星称为地球的
yě yǒu rén bǎ jīn xīng chēng wéi dì qiú de

"孪生姐妹"。
luán shēng jiě mèi

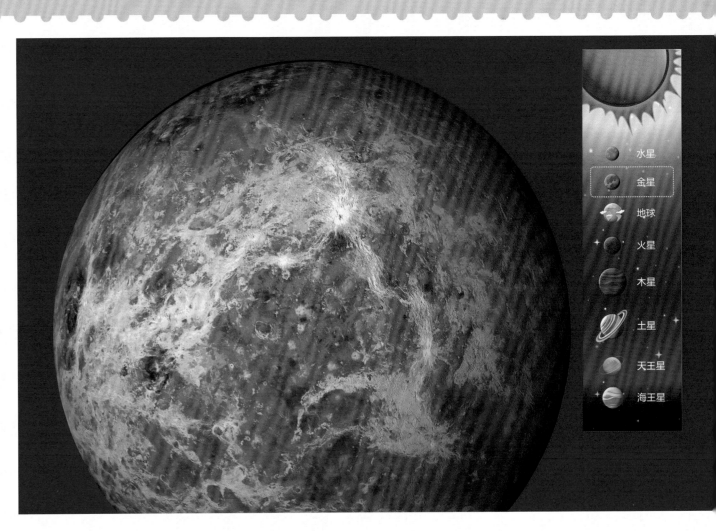

水星
金星
地球
火星
木星
土星
天王星
海王星

最亮和最热的行星
zuì liàng hé zuì rè de xíng xīng

金星的上空笼罩着浓
jīn xīng de shàng kōng lǒng zhào zhe nóng

密的大气层，这层大气主要
mì de dà qì céng，zhè céng dà qì zhǔ yào

由二氧化碳组成，能吸收
yóu èr yǎng huà tàn zǔ chéng，néng xī shōu

很多热量，并阻止热量的散
hěn duō rè liàng，bìng zǔ zhǐ rè liàng de sàn

失。此外，云对光线的反
shī。cǐ wài，yún duì guāng xiàn de fǎn

射能力也比较强，这些使金
shè néng lì yě bǐ jiào qiáng，zhè xiē shǐ jīn

星成为太阳系中最亮和最
xīng chéng wéi tài yáng xì zhōng zuì liàng hé zuì

热的行星。
rè de xíng xīng

地 球
dì qiú

地球是靠近太阳的前四
dì qiú shì kào jìn tài yáng de qián sì

颗行星中最大的一颗，也
kē xíng xīng zhōng zuì dà de yì kē，yě

是目前人类所知宇宙中唯
shì mù qián rén lèi suǒ zhī yǔ zhòu zhōng wéi

一存在生命的天体。它一
yī cún zài shēng mìng de tiān tǐ。tā yí

刻不停地绕着太阳公转，
kè bù tíng de rào zhe tài yáng gōng zhuàn

同时也在进行着自转，因为
tóng shí yě zài jìn xíng zhe zì zhuàn，yīn wèi

这样，地球上才有了四季
zhè yàng，dì qiú shàng cái yǒu le sì jì

的更替和白天黑夜的变化。
de gēng tì hé bái tiān hēi yè de biàn huà

水星
金星
地球
火星
木星
土星
天王星
海王星

披着"外衣"的星球

地球表面那层"纱衣"是地球的大气层。大气层是地球最外部的气体圈层，主要由氮气和氧气组成，对地球生物和气候起到至关重要的作用。它就像罩在地球上的一件巨大"外衣"，使地球变得温暖、舒适。

地球的内部结构

地球内部可以分为地核、地幔、地壳三层。地核为地球的中心部，又分为外核和内核。地幔是地球的中间层，是地球内部体积最大、质量最大的一层。地壳则是地球最外层的固体外壳。

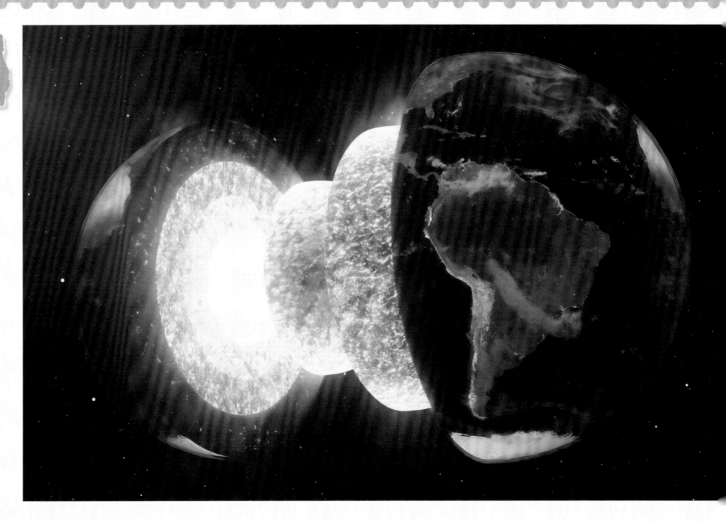

生命的家园
shēng mìng de jiā yuán

在偌大的太阳系中，目前只有地球上存在生命，其他的星球都是一片死气沉沉。地球孕育了丰富多彩的生命，是人类和上百万种生物共同的家园。

火星
huǒ xīng

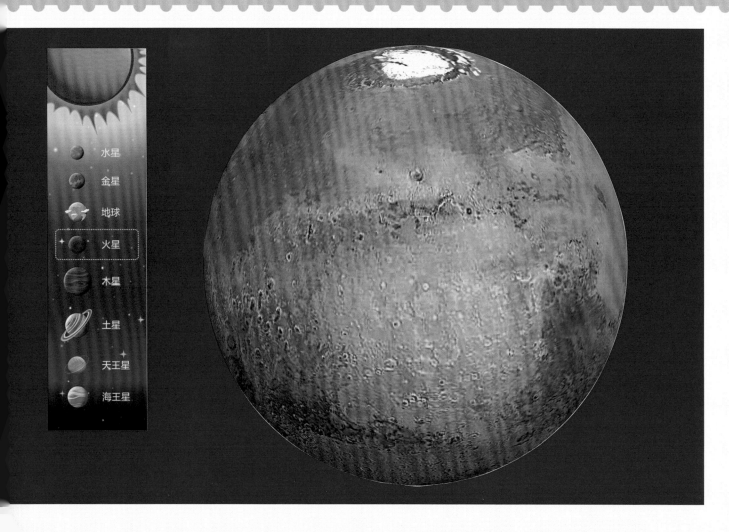

火星属于类地行星，其直径约为地球直径的一半，表面积相当于地球陆地面积。在西方，火星被称为战神玛尔斯，中国人则称它为"荧惑星"，因为它荧荧如火，且位置、亮度时常发生变动。

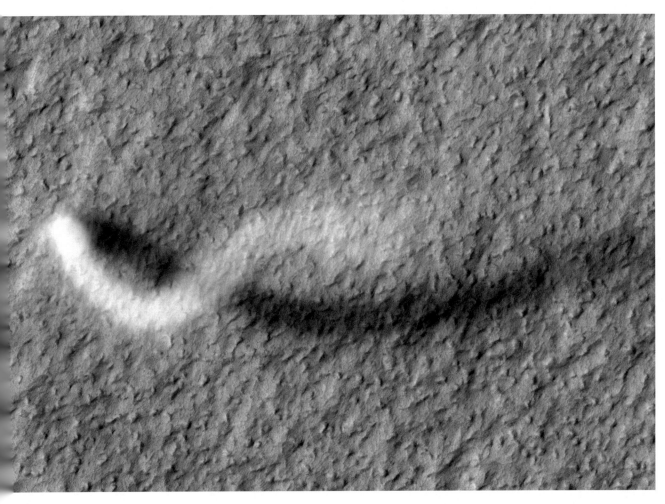

火星大尘暴

火星上的气候十分干燥，空气中飘浮着大量的尘粒。尘粒的吸热作用使得气流的温度升高，并将更多的尘粒携带至空中，这样就形成了尘暴。差不多每个火星上的夏季，都会发生一次全球性的大尘暴。

火星的地形

火星上有高山、平原和峡谷，还有不少刚刚形成的山脊和小山丘。火星南北半球的地形有着明显差异，南半球是古老且充满陨石坑的高地，北半球则大多由新近形成的平原组成。

神秘 "火星人"
shén mì huǒ xīng rén

一直以来，火星都被认为是最有可能存在生命的星球。火星上曾经存在过液态水，因此科学家推测火星上以前可能出现过生命。但到目前为止，人们还不能证明火星上曾有生命存在过。

木星
mù xīng

木星是太阳系中体积最大、自转速度最快的行星。它是一颗气态行星，没有陆地，外围是由氢气和氦气组成的大气。木星是由气体组成的大球体，内部被压缩成了液态，并可能拥有一个固体岩核。

"小太阳系" xiǎo tài yáng xì

木星的体积是地球的一千多倍，比其他七大行星加在一起还大。它还是太阳系中卫星较多的行星，到目前为止，人们已发现了几十颗木星的卫星。木星和它的卫星组成的系统也因此被称为"小太阳系"。

土星 tǔ xīng

土星与木星、天王星和海王星一样，都属于气态行星。它只比木星小一点儿，体积是地球的几百倍，是太阳系的第二大行星。此外，土星的质量也达到了地球的几十倍。

土星的运转
tǔ xīng de yùn zhuǎn

tǔ xīng de zì zhuàn sù dù hěn kuài
土星的自转速度很快，

zì zhuàn yì zhōu zhǐ yào yuē xiǎo shí
自转一周只要约 10 小时，

què yào huā fèi nián duō de shí jiān cái
却要花费 29 年多的时间才

néng wéi rào tài yáng gōng zhuàn yì quān tǔ
能围绕太阳公转一圈。土

xīng shàng yě yǒu sì jì zhǐ shì měi yí
星上也有四季，只是每一

jì de shí jiān cháng dá nián duō yīn
季的时间长达 7 年多，因

wèi lí tài yáng hěn yuǎn suǒ yǐ tā de xià
为离太阳很远，所以它的夏

jì yě jí qí hán lěng
季也极其寒冷。

——太阳

自转轴与垂直面的夹角约为 27 度

漂亮的"遮阳帽"
piào liang de zhē yáng mào

tǔ xīng de shàng kōng piāo fú zhe bù
土星的上空飘浮着不

tóng yán sè de yún dài hái huán rào zhe yì
同颜色的云带，还环绕着一

quān míng liàng yào yǎn de guāng huán cóng yuǎn
圈明亮耀眼的光环。从远

chù kàn qù tǔ xīng jiù xiàng dài zhe yì
处看去，土星就像戴着一

dǐng zhē yáng mào yì bān chàng yóu zài
顶"遮阳帽"一般，畅游在

máng máng yǔ zhòu zhī zhōng nà yì quān kuān
茫茫宇宙之中。那一圈宽

mào yán qí shí shì tǔ xīng de guāng
"帽檐"其实是土星的光

huán bèi rén men chēng zuò tǔ xīng huán
环，被人们称作土星环。

水星
金星
地球
火星
木星
土星
天王星
海王星

天王星
tiān wáng xīng

tiān wáng xīng shì dì yī kē zài xiàn
天王星是第一颗在现

dài bèi fā xiàn de xíng xīng　yào lùn qǐ gè
代被发现的行星。要论起个

tóur　　tiān wángxīng zài bā dà xíngxīng lǐ
头儿，天王星在八大行星里

pái háng dì sān　jǐn cì yú mù xīng hé tǔ
排行第三，仅次于木星和土

xīng　suī rán tā de liàng dù yě shì ròu yǎn
星。虽然它的亮度也是肉眼

kě jiàn de　　dàn yóu yú jiào wéi àn dàn
可见的，但由于较为黯淡，

yì zhí méi yǒu bèi gǔ dài de guān cè zhě rèn
一直没有被古代的观测者认

dìng wéi shì yì kē xíngxīng
定为是一颗行星。

天王星的发现
tiān wáng xīng de fā xiàn

tiān wáng xīng shì dì yī kē rén men
天王星是第一颗人们

tōng guò wàng yuǎn jìng fā xiàn de xíng xīng
通过望远镜发现的行星。

dàn tā zài　　　　nián bèi tiān wén xué jiā
但它在 1781 年被天文学家

wēi lián　hè xiē ěr fā xiàn shí　　bèi
威廉·赫歇尔发现时，被

wù rèn wéi shì yì kē huì xīng　zhí dào
误认为是一颗彗星。直到

liǎng nián hòu　　fǎ guó kē xué jiā lā pǔ
两年后，法国科学家拉普

lā sī cái zhèng shí le tiān wángxīng shì yì
拉斯才证实了天王星是一

kē xíngxīng
颗行星。

躺着旋转的行星
tǎng zhe xuán zhuǎn de xíng xīng

在太阳系中，几乎所有行星的自转轴都与公转平面接近垂直，唯独天王星的自转轴几乎与自己的公转轨道平行。因此，人们常戏称它是"躺着旋转的行星"。

海王星
hǎi wáng xīng

海王星是八大行星中距离太阳最远的行星。它的大气成分和天王星基本相同，内部结构也相似，因此有人认为它们像一对孪生兄弟。因为亮度太低，所以人们无法在地球上直接用肉眼观测到它。

蓝绿色的行星

行星的颜色与它们的大气构成有关。海王星的大气中含有大量甲烷，而甲烷对阳光中的红、橙光具有强烈的吸收作用，所以海王星上阳光的主要成分就只剩下蓝、绿光了，看上去也是蓝绿色的。

高速风暴

海王星上虽然没有海洋，却有着太阳系中最高速的风暴。海王星上的风速远远超过地球上的台风，当风暴发作的时候，狂风会席卷云层，在冰层覆盖的海王星上空疾速奔驰。

冥王星
míng wáng xīng

天文学家曾错估了冥王星的质量，将其列为第九大行星。后来，随着观测技术的发展，人们发现冥王星还没有月亮大，所以在第26届国际天文学联合会上，冥王星被正式降级为矮行星。

矮行星
ǎi xíng xīng

矮行星是太阳系中比八大行星小的一类天体，它们也环绕着太阳运行，但它们不能依靠自己的引力清除轨道上的其他小天体。矮行星质量较大，形状呈球形，这也是区分矮行星和小行星的重要标志。

寒冷的星球

冥王星距离太阳有几十亿千米的距离。因为远离太阳，冥王星得不到足够的热量，是个极其寒冷的星球。它表面的平均温度低于零下二百摄氏度，连气体都被冻结了。

卡戎星与冥王星

卡戎星曾被认为是冥王星的一颗卫星，后来和冥王星一同被划分为矮行星。它的个头儿和冥王星差不多大，但比太阳系中其他的卫星要大得多。天文学家认为，冥王星和卡戎星组成了一个双矮星系统。

小行星

xiǎo xíng xīng

小行星的体积和质量比行星小很多，也围绕着恒星旋转。它们的结构多样，且大多数小行星是不规则的形状。目前，人们在太阳系已经发现了上百万颗小行星。

小行星带

xiǎo xíng xīng dài

火星和木星的轨道之间有许多大小不等、形态各异的小行星，这个区域被称为小行星带。小行星带是太阳系中小行星最密集的区域。另外，在海王星以外也有小行星分布，这片地带被称为柯伊伯带。

小行星撞击地球

有些小行星的轨道与地球轨道相交，被称为"近地小行星"。它们要是撞击地球，将会给地球带来毁灭性的影响。因此，人们一直严密监视着这些"危险分子"，一旦发现它们靠近，就采取措施使其远离地球。

月球

月球是地球唯一的一颗天然卫星，也是离地球最近的天体。人们把地球和月球构成的天体系统称为"地月系"，地球无疑是地月系的主体，而月球则像一个小小"卫士"一样，一直环绕着地球转动。

月球环境

因为没有大气层，月球上就没有了天气变化，也无法听到任何声音，是一个寂静无声的世界。这里既没有空气也没有水，昼夜温差非常悬殊，即使阳光照射，天空仍然是黑暗的。

月球上的昼夜

月亮除了绕地球公转外，本身还在自转，因此也会出现昼夜。不过，月亮自转的周期很长，自转一周相当于地球上的27.3天。也就是说，在月亮上过一天一夜，就相当于在地球上过了一个月的时间。

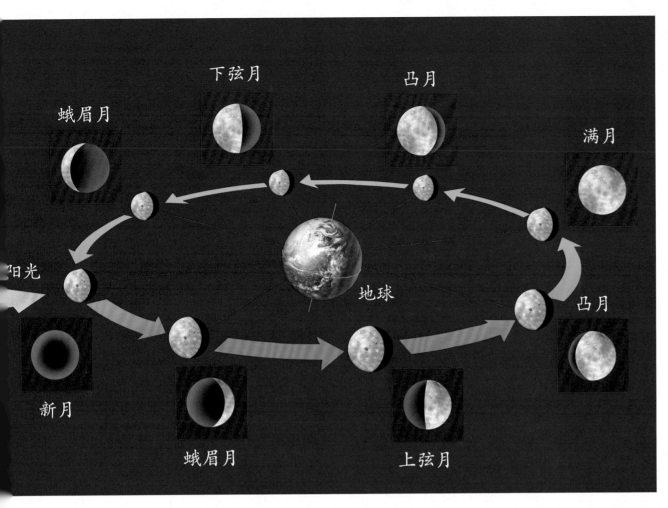

蛾眉月　下弦月　凸月　满月

阳光

新月　蛾眉月　上弦月　凸月

地球

yuè xiàng biàn huà
月相变化

cóng dì miàn shàng kàn　yuè liang de
从地面上看，月亮的
xíng zhuàng huì bú duàn fā shēng biàn huà　yǒu
形状会不断发生变化，有
shí xiàng yuán pán　yǒu shí xiàng yuè yár
时像圆盘，有时像月牙儿。
tōng cháng cóng nóng lì měi gè yuè de yuè chū
通常从农历每个月的月初
dào yuè mò　yuè xiàng huì jīng lì xīn yuè
到月末，月相会经历新月、
é méi yuè　shàng xián yuè　tū yuè　mǎn
蛾眉月、上弦月、凸月、满
yuè　tū yuè　xià xián yuè　é méi yuè
月、凸月、下弦月、蛾眉月
de biàn huà guò chéng
的变化过程。

huì xīng
彗 星

huì xīng shì yì zhǒng xiǎo tiān tǐ
彗星是一种小天体，
zǒng shì tuō zhe yì tiáo cháng cháng de　wěi
总是拖着一条长长的"尾
ba　cóng dì qiú de shàng kōng huá
巴"，从地球的上空划
guò　tài yáng xì yǒu shǔ bù qīng de huì xīng
过。太阳系有数不清的彗星
zài huán rào zhe tài yáng yùn xíng　gǔ rén
在环绕着太阳运行。古人
rèn wéi shì huì xīng dài lái le zhàn zhēng　wēn
认为是彗星带来了战争、瘟
yì děng zāi nàn　yīn cǐ jiāng tā chēng wéi
疫等灾难，因此将它称为
sào zhou xīng
"扫帚星"。

流星体

流星体是太阳系内颗粒状的碎片，它们的大小不一，小的只有沙粒那么大，大的直径则能超过数十米。只有当这些流星体进入地球的大气层并燃烧发出光亮时，才能形成我们所说的流星。

陨石坑

陨石高速撞击地面后，会留下一个圆形的坑穴，这就是陨石坑。因为陨石有大有小，降落的速度也有快有慢，所以砸在地上的陨石坑大小也就各不相同。

月食

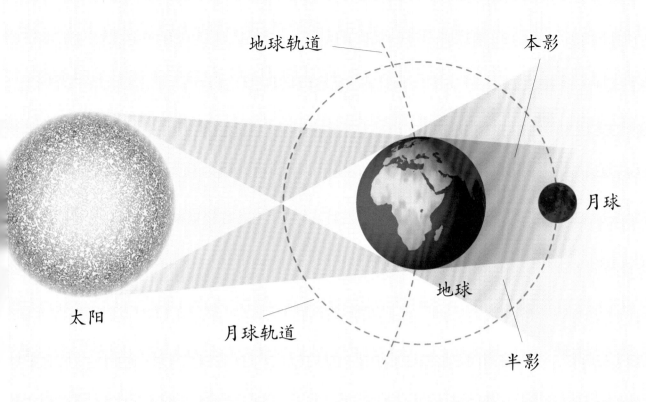

地球轨道　本影　月球　地球　月球轨道　半影　太阳

月食分为月全食和月偏食。当发生月全食时，整个月球都处于地球的影子之内；而发生月偏食的时候，月球只有部分位于地球影子之内。因为地球比月球大得多，地球的影子完全可以遮挡住月球，所以不可能出现月环食。

日食

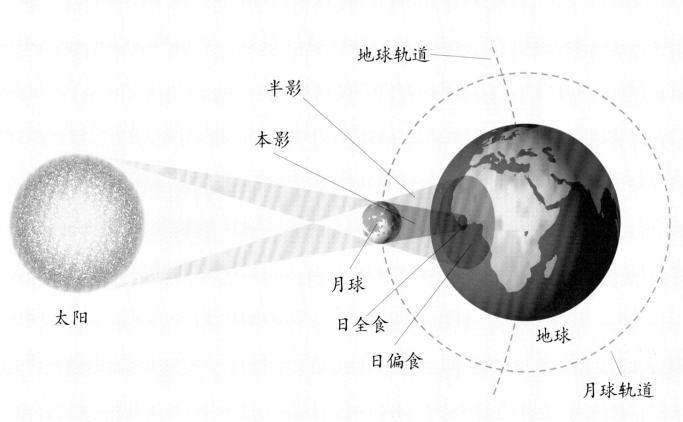

地球轨道　半影　本影　月球　日全食　日偏食　地球　月球轨道　太阳

日食可以分为日全食、日偏食和日环食三种。如果月亮把太阳完全遮住了，就是日全食；如果月亮只遮住了太阳的中心部分，留下边缘一个亮亮的圆环，就是日环食；而如果月亮只遮住了一部分太阳，就是日偏食。

玛雅天文台

玛雅天文台修建于 2000 多年前，由一组建筑群构成。从一座金字塔上的观测点望去，东方、东北方和东南方的庙宇分别是春（秋）分、夏至和冬至日出的方向。

莫纳克亚山天文台

美国夏威夷的莫纳克亚山顶峰上坐落着世界著名的莫纳克亚山天文台。这座天文台建于 1967 年，花费了 20 多亿美元，拥有许多先进的观测设备，比如加法夏望远镜，其分辨率可达到 0.43 秒角。

帕洛马山天文台

帕洛马山天文台于1928年建成，其"海尔望远镜"曾保有世界最大口径望远镜的头衔长达二十多年之久。宇宙膨胀理论、类星体，以及苏梅克－列维九号彗星与木星相撞等都是在这里被发现和验证的。

格林尼治天文台

英国政府于1675年在皇家格林尼治花园修建了格林尼治天文台。1835年，人们将格林尼治天文台扩建，并创立了测定格林尼治平太阳时的"子午环"法。1948年，由于环境污染问题，它被迫迁到了赫斯特蒙苏堡。

现代火箭
xiàn dài huǒ jiàn

现代火箭飞上天空利用的是"作用力和反作用力"的原理。火箭燃料在发动机内剧烈燃烧，产生大量高温高压气体。这些气体高速向后喷出，火箭则获得一个反方向的力，于是箭体会向前飞去。

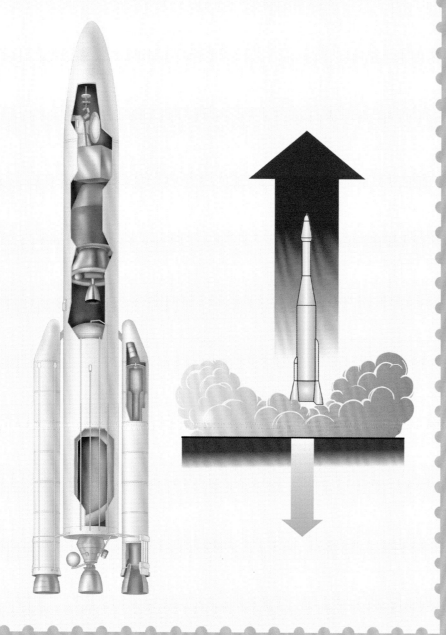

火箭的燃料
huǒ jiàn de rán liào

火箭燃料分为固体燃料和液体燃料。固体燃料由包含氧化剂和燃料的小球组成，小球中包含了防止燃料分解的添加剂。液体燃料主要是液态氧和液态氢，这二者虽然很难保存，但却是目前最理想的火箭燃料。

"阿里安" 运载火箭

"阿里安"是欧洲航天局研发的系列火箭，执行过几百次飞行任务。"阿里安"6型火箭是"阿里安"家族的新成员，是一种低成本运载火箭，可将3000~6500千克的卫星送入轨道，而发射成本将比"阿里安"5型火箭降低约三分之一。

"德尔塔" 运载火箭

"德尔塔"是美国主力运载火箭型号，至今已发射几百次。这种一次性的、不可回收的运载火箭推力十分惊人，能够将20000千克的载荷送至近地球轨道，或是将10000千克的载荷送至地球同步轨道。

长征系列运载火箭
cháng zhēng xì liè yùn zài huǒ jiàn

长征系列运载火箭是中国自行研制的航天运载工具，已拥有退役、现役共计4代20种型号。它具备发射低、中、高不同地球轨道不同类型卫星及载人飞船的能力，并具备无人深空探测能力。

航天飞机
háng tiān fēi jī

航天飞机是一种能够在地面和太空之间往返的航天器。它结合了飞机和航天器的特点，既能像运载火箭一样将人员和卫星等送入太空，又能像宇宙飞船那样在轨道上运行，还能像普通飞机那样在大气层中滑翔，同时还具备重复使用的优点。

dōng fāng hào yǔ zhòu fēi chuán
"东方"号宇宙飞船

　　dōng fāng 　　hào yǔ zhòu fēi chuán shì sū lián yán zhì
　　"东方"号宇宙飞船是苏联研制

de shuāng cāng xíng fēi chuán　tā jié gòu bǐ jiào fù zá　　yóu
的 双 舱 型飞船。它结构比较复杂，由

zuò cāng　yǐ jí tí gōng dòng lì　diàn yuán　yǎng qì hé
座舱，以及提供动力、电源、氧气和

shuǐ de fú wù cāng zǔ chéng　　nián　dōng fāng
水的服务舱组成。1961年，"东方"1

hào yǔ zhòu fēi chuán cóng bài kē nǔ ěr háng tiān fā shè chǎng qǐ
号宇宙飞船从拜科努尔航天发射场起

háng　zài zhe yǔ háng yuán jiā jiā lín fēi rù tài kōng　fān kāi
航，载着宇航员加加林飞入太空，翻开

le rén lèi tàn suǒ tài kōng de xīn piān zhāng
了人类探索太空的新篇章。

lián méng hào yǔ zhòu fēi chuán
"联盟"号宇宙飞船

　lián méng　hào xì liè yǔ zhòu fēi chuán
　"联盟"号系列宇宙飞船

shì é luó sī yán zhì de sān cāng xíng fēi chuán　jié
是俄罗斯研制的三舱型飞船，结

gòu shí fēn fù zá　tā de duì jiē　tōng xìn
构十分复杂，它的对接、通信、

tuī jìn　yìng jí jiù shēng děng xì tǒng dōu dé dào
推进、应急救生等系统都得到

le jí dà gǎi jìn　néng gòu zài jiāng yǔ háng yuán
了极大改进，能够在将宇航员

sòng rù kōng jiān zhàn　bìng tíng liú yí duàn shí jiān zhī
送入空间站，并停留一段时间之

hòu　zài jiāng qí ān quán sòng huí dì miàn
后，再将其安全送回地面。

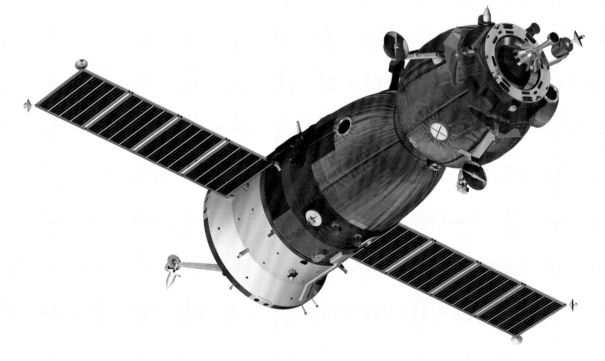

哈勃空间望远镜

1990 年，哈勃空间望远镜乘坐"发现者"号航天飞机进入太空。它的观测能力相当强大，能看到一百多亿岁"高龄"的星系，其拍摄图片的清晰度可达地面天文望远镜的 10 倍以上。

钱德拉 X 射线天文台

1999 年，"哥伦比亚"号航天飞机将其送入太空。这颗天文卫星搭载 X 射线探测设备，主要用于搜寻宇宙中的黑洞、类星体和超新星，从而使人们可以更深入地了解宇宙的起源和演化过程。

空间站

空间站是一种载人航天器，是宇航员在太空的家。它能够让宇航员在太空长期工作和生活，保证了太空科研工作的连续性和深入性。空间站有大有小、类型多样，但都不具备返回地球的能力。

天宫空间站

天宫空间站又称中国空间站，是中华人民共和国建成的国家级太空实验室。天宫空间站设计寿命为10年，可长期驻留3人，最大可扩展为180吨级六舱组合体，以进行较大规模的空间应用。

航天服

航天服是航天员在太空中执行任务时，为保障生命安全而穿着的特殊服装，包括舱内航天服和舱外航天服。舱内航天服是航天员在载人飞船中使用的压力应急救生装备。舱外航天服是航天员出舱活动时使用的个体防护装备，相当于小型航天器，可用于生命和作业保障。

"麦哲伦"号金星探测器

1989年，"麦哲伦"号金星探测器在美国肯尼迪航天中心发射升空。在经历了462天的空间旅行后，它终于飞临金星，并每隔一段时间将其观测的结果向地球传输一次。

kān cè zhě hào tàn cè qì
"勘测者"号探测器

zài sū lián de tàn cè qì dēng lù yuè qiú hòu　měi guó de kān
在苏联的探测器登陆月球后，美国的"勘

cè zhě hào yuè qiú tàn cè qì yě fēi shàng le yuè qiú　bù jǐn pāi shè
测者"号月球探测器也飞上了月球，不仅拍摄

le shù wàn zhāng yuè qiú zhào piàn　dài huí le yuè qiú tǔ rǎng　hái kān
了数万张月球照片，带回了月球土壤，还勘

cè le　ā bō luó　hào fēi chuán de dēng yuè diǎn　wéi　ā bō
测了"阿波罗"号飞船的登月点，为"阿波

luó　hào fēi chuán dēng yuè jì huà tí gōng le yǒu lì zhī chí
罗"号飞船登月计划提供了有力支持。

yǒng qì hào huǒ xīng tàn cè qì
"勇气"号火星探测器

nián　　　　yǒng qì　hào huǒ xīng tàn cè qì dēng lù huǒ
2004 年，"勇气"号火星探测器登陆火

xīng　bìng zhǎo dào le huǒ xīng shàng céng yǒu shuǐ cún zài de zhèng jù　zhè
星，并找到了火星上曾有水存在的证据。这

shì yì zhǒng kě zài huǒ xīng dēng lù　bìng yòng yú huǒ xīng tàn cè de kě
是一种可在火星登陆，并用于火星探测的可

yí dòng tàn cè qì　shì rén lèi fā shè de zài huǒ xīng biǎo miàn xíng shǐ bìng
移动探测器，是人类发射的在火星表面行驶并

jìn xíng kǎo chá de yì zhǒng chē liàng
进行考察的一种车辆。

"先驱者" 10号探测器

它是第一个越过小行星带的飞行器，也是第一个近距离观测木星的飞行器。直到 1997 年 3 月 31 日任务结束之前，"先驱者"10 号在太阳系的外层空间中，进行了很多有价值的科学研究和调查。

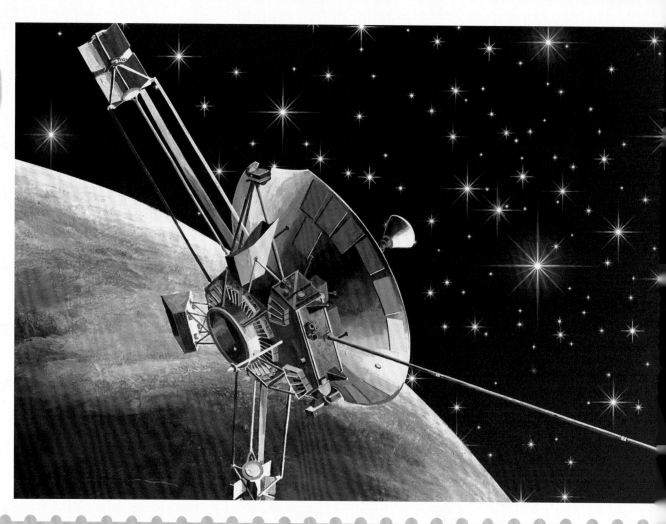

"卡西尼" 号探测器

"卡西尼"号探测器直径约 3 米，高约 7 米，重约 6 吨，携带了 27 种极为先进的科学仪器设备。其主要任务是环绕土星飞行，并对土星及其大气、光环、卫星和磁场进行深入考察。

气象卫星
qì xiàng wèi xīng

气象卫星是从太空对地球及其大气层进行气象观测的人造地球卫星。它所提供的气象信息已被广泛应用于日常气象业务、环境监测、防灾减灾、海洋学和水文学的研究，是一种应用范围很广的卫星。

通信卫星
tōng xìn wèi xīng

通信卫星是卫星通信系统的空间部分。一颗地球静止轨道通信卫星大约能够覆盖40%的地球表面，使覆盖区域内的任何地面、海上、空中的通信站能同时相互通信。通信卫星也是应用时间很早、应用范围很广的卫星。

侦察卫星
zhēn chá wèi xīng

侦察卫星又叫间谍卫星，是军用卫星的一种，专门负责通过可见光相机照相侦察，收集相关信息。

侦察卫星目光敏锐，能"看到"地面上发生的一切。因此，侦察卫星往往能发挥重要的作用。

导航卫星
dǎo háng wèi xīng

如果有导航卫星帮忙，无论你身处何地，都能找到正确的方向。导航卫星就是通过连续发射无线电信号，为地面、海洋、空中和空间用户提供导航定位服务的人造卫星。